XUESHENG YINYONGNAI KEXUE YINYONG ZHISHI

学生饮用奶

科学饮用知识

乌鲁木齐市奶业协会 编

U0324032

图书在版编目（CIP）数据

学生饮用奶科学饮用知识 / 乌鲁木齐市奶业协会编. —北京：中国农业科学技术出版社，2021.3

ISBN 978-7-5116-5208-9

Ⅰ.①学… Ⅱ.①乌… Ⅲ.①学生—乳制品—食品营养—中国 Ⅳ.①R153.2

中国版本图书馆 CIP 数据核字（2021）第 033853 号

责任编辑　金　迪
责任校对　李向荣
责任印制　姜义伟　王思文

出 版 者　中国农业科学技术出版社
　　　　　北京市中关村南大街12号　邮编：100081
电　　话　（010）82109705（编辑室）　（010）82109702（发行部）
　　　　　（010）82109709（读者服务部）
传　　真　（010）82109698
网　　址　http://www.castp.cn
经 销 者　各地新华书店
印 刷 者　北京地大天成文化发展有限公司
开　　本　787mm×1092mm　1/32
印　　张　2
字　　数　50千字
版　　次　2021年3月第1版　2021年3月第1次印刷
定　　价　28.00元

编委会

前　言

　　"学生饮用奶计划"是为改善我国中小学生的营养状况，以利青少年健康成长，提高他们的身体素质并培养他们合理的膳食习惯而实施的国家营养干预计划。由农业部、教育部等七部委局于2000年联合发文正式开始实施，在课间向在校中小学生提供一份优质牛奶。

　　"少年强则国强"

　　"一杯牛奶强壮一个民族。"

　　"新疆学生饮用奶计划"自实施以来，20年间，已先后让新疆天山南北1400多万名中小学生喝上了专门为他们定制的牛奶。20年的实践证明，"学生饮用奶计划"是改善中小学生营养水平，促进儿童青少年健康成长，培育牛奶消费市场，促进奶业持续健康发展的有效措施。

　　为更好地推广"学生饮用奶计划"，我们特编写了本科普手册。本书在编写过程中参阅了大量资料，得到了新疆维吾尔自治区营养协会、乌鲁木齐市动物疾病控制与诊断中心等相关部门和学生饮用奶生产企业的大力支持和协助，在此，谨向原作者、协作单位及个人表示衷心的感谢。但因编者水平有限，疏漏之处在所难免，敬请读者批评指正。

编　者

2020年6月28日

Contents
目 录

Contents
目 录

1. 国家"学生饮用奶计划"

　　奶业是健康中国、强壮民族不可或缺的产业。2000年"学生饮用奶计划"部际协调管理机构成立,"学生饮用奶计划"在全国正式启动,至2018年国务院办公厅印发《关于推进奶业振兴保障乳品质量安全的意见》,提出大力推广国家"学生饮用奶计划",学生饮用奶推广范围不断扩大,覆盖面遍及全国。

　　国家"学生饮用奶计划"是以改善中小学生营养状况、促进中小学生发育成长、提高中小学生健康水平为目的,在全国中小学校实施的学生营养改善专项计划,由原农业部等七个有关部委局联合启动实施。并且《"健康中国2030"规划纲要》《国家中长期教育改革发展规划纲要》《国家教育"十三五"发展规划纲要》等政策文件均要求要以中小学生为重点人群实施营养干预,引导合理膳食,改善学生营养健康水平。

2.人为什么要喝奶

　　人类喝奶的本源是婴儿,因为奶能满足新生命的全部营养需要。没有任何一种食物能发挥与奶相提并论的功能——"全部"营养需要,也只有奶可以堪此重任!

　　喝奶,本源是满足娇贵的新生命发育的需要。

　　随着物质的丰富和生活水平的提高,普通的消费者也能喝到奶,这是为了追求更健康的需要。

3.牛奶的营养

　　牛奶是自然界最接近完美的食物,富含100多种化学成分,被誉为"白色血液"。牛奶含有丰富的优质蛋白质,乳蛋白的消化率高达98%,奶中的蛋白质生理价值高,适于构成肌肉组织;牛奶所含的20多种氨基酸中有8种人体必需氨基酸,消化率高达98%;乳脂肪是高质量的脂肪,消化率在95%以上,而且含有大量的脂溶性维生素;其胆固醇含量比其他动物食品含量低;乳糖由葡萄糖和半乳糖组成,是最容易消化吸收的糖类。牛奶是最佳的补钙食物,牛奶中的钙磷比为1.3:1,接近人体骨骼钙磷比,在维生素D等作用下,更易被人体吸收。牛奶中还含有多种生物活性肽、免疫因子、生长因子、激素、酶类等活性成分,对促进生长发育和智力发育、增强免疫功能、抵御疾病具有重要作用。中国著名营养学家于若木曾多次强调饮用牛奶的重要性,更倡议我国中小学生"每天起码应该喝一杯牛奶"。

4.每天喝多少牛奶合适

为满足人体对钙和优质蛋白质的需求,《中国居民膳食指南(2016)》建议每人每天应摄入300毫升牛奶。

如何达到每天摄入300毫升牛奶的标准? 建议选择不同形式或风味的乳制品。

例如早餐饮用200~250毫升(大致相当于206~257克)牛奶,午餐或晚餐加一杯100~125毫升(大致相当于105~131克)酸奶。

又如早餐饮用200~250毫升(大致相当于206~257克)牛奶,午餐或晚餐选择适量的奶酪等干乳制品。

5.喝什么样的牛奶

根据国家标准,牛奶分成3类:巴氏杀菌乳、灭菌乳和调制乳。

巴氏杀菌乳指生乳经巴氏杀菌工艺制成的液体产品。巴氏杀菌工艺通常采用低温长时间(62~65℃,30分钟)或高温短时间(72~76℃,15秒;80~85℃,10~15秒)。巴氏杀菌可以杀灭不良微生物和致病菌,最大限度地保留活性物质与天然风味。

巴氏杀菌乳属于人们常规理解中的"鲜牛奶",除了含有蛋白质、脂肪、乳糖、矿物质外,还含有其他多种生物活性营养成分。其保存条件苛刻,奶源、加工和运输全程要求2~6℃冷链条件,冷藏货架期为2~7天。经过膜过滤和离心除菌后,再进行巴氏杀菌处理的低温巴氏杀菌乳的冷藏货架期为8~12天。

灭菌乳是以生乳或复原乳为主要原料,添加或不添加辅料,经灭菌制成的液体产品。灭菌乳根据加热方式的不同分为超高温瞬时灭菌乳(UHT乳)和保持灭菌乳。灭菌乳因为经过100℃以上的高温处理,牛奶中的部分营养成分因不耐热而遭到破坏。与巴氏杀菌乳相比,灭菌乳的生物活性物质含量较低,保质期长达1~6个月,无须低温保存。

调制乳是以不低于80%的生牛(羊)乳或复原乳为主要原料,添加其他原料或食品添加剂或营养强化剂,采用适当的杀菌或灭菌等工艺制成的液体产品。与巴氏杀菌乳和灭菌乳相比,调制乳的某些营养可能被稀释了。

新疆学生饮用奶全部为灭菌纯牛乳。

6.喝牛奶最佳的方式

1.喝牛奶时最好吃一些含粗纤维的饼干。目前,国内有食品厂家专门针对这种情况推出了一种"牛奶搭档"的饼干,这种饼干以鸡蛋和小麦粉、麸皮、燕麦经现代高科技手段加工后,既富含大量的食用粗纤维,又能够比一般的粗纤维食品更好地促进牛奶中蛋白质和多种维生素的吸收。可以一边喝牛奶,一边吃粗纤维饼干,使营养吸收更充分、更均衡。

2.喝牛奶时应该坚持每天户外活动时间不少于1小时,因为多晒太阳可增加体内维生素D的合成,促进机体对钙的吸收;应该多食豆类食物,因其中的大豆异黄酮成分可参与机体的钙磷代谢。

3.科学喝牛奶,吸收是关键。专家建议在喝牛奶时应同谷物淀粉类食物搭配食用,使牛奶在胃中与胃液发生比较充分的酶解作用,并能在胃和小肠中停留时间长一些,使其营养物质充分被人体吸收利用。

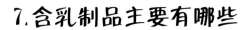

7.含乳制品主要有哪些

1.液体乳类:巴氏杀菌乳、灭菌乳、发酵乳、调制乳。

2.乳粉类:全脂乳粉、脱脂乳粉、全脂加糖乳粉、调味乳粉、婴幼儿配方乳粉、其他配方乳粉。

3.炼乳类:全脂无糖炼乳(淡炼乳)、全脂加糖炼乳、调味和调制炼乳、配方炼乳。

4.奶油类:稀奶油、奶油、无水奶油。

5.奶酪类:天然奶酪、再制奶酪、奶酪食品。

6.乳冰激凌类:乳冰激凌、乳冰等。

7.其他乳制品类:干酪素、乳糖、奶片、乳清粉、浓缩乳清蛋白、含乳饮料(乳蛋白≥1.0%)、乳酸菌饮料(乳蛋白≥0.7%)。

8. 什么是"学生饮用奶（SCHOOL MILK）"

"学生饮用奶（SCHOOL MILK）"，系指经中国奶业协会许可使用中国学生饮用奶标志的专供中小学生在校饮用的牛奶制品。现阶段推广超高温灭菌乳和灭菌调制乳两种品类。

学生饮用奶应符合"安全、营养、方便、价廉"的基本要求，原料奶须来自新鲜优质奶源，学生饮用奶产品包装上必须印制中国学生饮用奶标志。学生饮用奶直供中小学校，不准在市场上销售。

9.学生饮用奶的专用标志

中国学生饮用奶标志是经原学生饮用奶计划部际协调小组审定、原农业部公布,用以标识在学校推广的学生饮用奶的专用标志。中国学生饮用奶标志由示意奶滴上的"学"字图案、"中国学生饮用奶"和"SCHOOL MILK OF CHINA"中英文字体以及红、绿、白三种颜色组成。

该标志依法在国家版权局登记,中国奶业协会是标志的所有者,拥有标志的许可使用权。中国奶业协会对申请使用中国学生饮用奶标志的企业实行注册管理,许可使用该标志的企业可将标志用于备案的学生饮用奶产品包装、学生饮用奶计划宣传和相关广告等。未经中国奶业协会许可,任何单位和个人无权使用中国学生饮用奶标志。

10.学生饮用奶的准入和保障机制

现阶段,我国实施学生饮用奶标识许可使用管理准入和保障机制。即申请使用中国学生饮用奶标志的企业,要求经过政府的生产审查许可、第三方质量管理体系认证和产品检测、省级学生饮用奶工作机构推荐,由中国奶业协会组织专家对企业工厂进行现场评估,综合评定达到要求才准予其注册。具体要求如下。

加工能力:日处理(两班)生牛乳能力达到200吨以上;具备生产基础和经验,从事液体奶生产3年以上。

新鲜奶源:生产学生饮用奶只能以生牛乳为原料加工,不使用、不添加复原乳及营养强化剂,即原料奶须来自新鲜优质奶源。

产品标准:在全面执行国家食品安全标准的基础上,学生饮用奶原料奶和产品的营养成分、卫生质量主要指标高于国家标准。

质量管理:必须通过乳制品良好生产规范、危害分析与关键控制点(HACCP)体系、ISO 9001质量管理体系认证;有严格的质量控制能力,近3年内国家质量监督抽检合格且没有发生过食品安全事故。

奶源基地:必须是泌乳牛存栏在200头以上的奶牛场;通过

学生饮用奶奶源基地管理规范评估认定并备案,生牛乳质量在符合国家食品安全标准的基础上达到学生饮用奶原料奶标准。

配送系统:企业自身组建的配送系统或者委托配送服务。有专用配送车辆和配送人员,做到定时、定点配送。配送到校的学生饮用奶产品必须保证饮用当日距离保质期到期30天以上。配送车辆为封闭式的厢式货车,保持清洁、定期消毒。

专门制度:针对学生饮用奶的原料奶供应、包装材料采购、加工生产、配送服务等建立专门的生产管理制度;设有专职或兼职人员负责学生饮用奶工作;建有学生饮用奶产品追溯体系、食品安全事故处置预案等。同时,对学生饮用奶生产企业进行定期复检,实施考核制度和退出机制。

11.学生饮用奶的团体标准

为保证学生饮用奶的安全、营养,参照奶业发达国家标准,根据我国目前较高生产水准的规模化奶牛场和乳品加工企业的水平,中国奶业协会在相关国家标准的基础上制定颁布了要求更高的学生饮用奶系统团体标准,目前包括《学生饮用奶奶源基地规范》《学生饮用奶 生牛乳》《学生饮用奶 纯牛奶》《学生饮用奶 灭菌调制乳》《学生饮用奶 中国学生饮用奶标志》。团体标准中部分指标与国家标准的对照见下表。

学生饮用奶系列团体标准中部分指标与国家标准对照

类别	项目		国家标准	学生饮用奶标准
生牛乳	脂肪	(克/100克)≥	3.1	3.6
	蛋白质	(克/100克)≥	2.8	3.0
	菌落总数	(CFU/毫升)≤	200万	10万
	嗜冷菌	(CFU/毫升)≤	无要求	1万
	耐热芽孢菌	(CFU/毫升)≤	无要求	100
	体细胞	(个/毫升)≤	无要求	40万
纯牛奶	脂肪	(克/100克)≥	3.1	3.6
	蛋白质	(克/100克)≥	2.9	3.0
	复原乳		可使用或添加	不可使用或添加
灭菌调制乳	脂肪	(克/100克)≥	2.5	2.9
	蛋白质	(克/100克)≥	2.3	2.4
	复原乳/营养强化剂		可使用或添加	不可使用或添加

12.生产学生饮用奶的企业有什么特点和优势

国家"学生饮用奶计划"推广管理办法(试行)中对生产学生饮用奶的企业要求很高,必须符合以下条件:

1.日处理(两班)生牛乳能力200吨以上;

2.全面实施《食品安全国家标准 乳制品良好生产规范》(GB 12693—2010);

3.通过ISO 9001质量管理体系认证、危害分析与关键控制点(HACCP)管理体系认证。

而且生产企业必须有符合条件要求的自建或稳定可控的奶源基地,生牛乳产量和质量应满足学生饮用奶生产要求。供应原料奶的奶牛场必须符合《乳品质量安全监督管理条例》《奶牛场卫生规范》(GB 16568—2006)的规定,同时应符合下列要求:

1.奶牛场泌乳牛存栏量在200头以上;

2.实行机械挤奶和在位清洗(CIP),生牛乳不锈钢制冷罐贮藏和保温运输;

3.生牛乳在符合《生乳》(食品安全国家标准GB 19301—2010)规定的基础上,菌落总数≤20万CFU/毫升,嗜冷菌≤1万CFU/毫升,耐热芽孢菌≤100CFU/毫升,体细胞≤50万/毫升。

因此学生饮用奶的产品质量应该是高于普通同类产品质量。

13.学生饮奶的必要性

学生是典型的脑力劳动者,经长时间学习用脑,中小学生体内的血糖浓度会明显下降,进而会出现注意力不集中、记忆力减退等现象。

2018年,中国学生营养和健康促进会发布的《青少年身体活动和骨骼健康报告》指出,伴随我国整体社会经济条件的明显改善,青少年的身高、体重也有明显改善,但速度、爆发力、耐力等体质指标却在下降,尤其是骨质疏松问题突出。研究表明,饮用牛奶可以有效改善并促进骨骼发育。

14.学生饮用奶奶源基地建设的目的

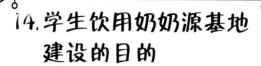

奶源基地是乳业生产的第一车间,也是保证学生饮用奶安全的关键环节。为进一步加强学生饮用奶原料奶的质量安全,从源头上确保学生饮用奶产品消费安全,提高生鲜乳质量,学生饮用奶奶源基地原料奶生产各环节均要依据管理,保障生鲜乳品质安全。

15.学生饮用奶奶源基地建设的要求

奶源基地要远离城市污染,保持良好的环境卫生,做好定期消毒工作,严禁病牛和不符合停药期规定的奶牛上机挤奶,严格按要求无害化处理异常奶,规范挤奶、管道清洗和药浴流程。牛奶挤出后,及时快速制冷,就近送奶,缩短路途运输时间。

学生饮用奶奶源基地必须有专用生产线、仓储车间和运输车辆,对质检、保管、运输等有关人员进行专业培训,认真做好企业内部各项工作。

对每头奶牛进行编号,建立奶牛系谱、身份证、防疫卡和健康档案等。要采取统一饲养、统一饲料配方、统一疫病防治、集中机械挤奶的管理模式。从饲草料采购到挤奶再到原料奶出厂都要有专人负责管理。

奶牛场常规监测的疾病至少应包括:口蹄疫、结核病、布鲁氏菌病、乳房炎、炭疽等人畜共患病以及牛白血病,同时需要注意监测我国已扑灭的疾病和外来病的传入,如牛瘟、牛传染性胸膜肺炎等。

对奶牛生产中,因滥用饲料添加剂、兽药、违禁添加物以及违规使用抗生素或用抗生素治疗奶牛疾病、没严格执行停药期而导致兽药及抗生素残留超标的原料奶,严禁加工食用。

奶源基地每位员工都要有健康证。奶源基地要严格遵守兽医防治和消毒防疫等程序,做到防、检、驱、治等措施到位,配套设施齐全。

对奶源基地的饲养管理、档案管理和卫生防疫等加强监控力度,根据当地实际情况,当地动物疫病监测机构要定期或不定期地进行必要的疫病监督抽查,杜绝人畜共患病的传播,确保学生奶的卫生质量。

奶源基地发生疫病或怀疑发生疫病时,应及时按照《中华人民共和国动物防疫法》规定进行处置。

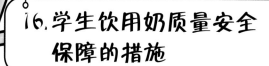

16.学生饮用奶质量安全保障的措施

1.学生饮用奶是国家提供给学生的一项福利,包装上不得印制条形码,直接配送到学校,禁止在市场上销售,是学生校内饮用的专供产品,同时政府有相应的补贴政策。

2.学生饮用奶经营宗旨为:安全、营养、方便、价廉,其中安全是第一位,因为青少年是一群特殊的消费群体,他们正处于生长发育的关键时期,自身防御能力还很不健全。

3.优质的原料奶是学生饮用奶质量的保证,因此在学生饮用奶奶源基地的建设管理方面也是相对严格的。学生饮用奶生产企业必须有单独的奶源基地,而且必须符合学生饮用奶奶源基地的认证要求等。从源头上确保学生饮用奶产品质量安全,提高生鲜乳质量,要加强对奶源基地原料奶生产各环节的管理。

4.在生产加工过程中,学生饮用奶有单独的生产加工车间。

5.在配送运输过程中有专车配送以保证整个过程的安全。

17.乳制品的质量怎么查询

乳制品一般均有条形编码,随着我国对乳品质量监管的进一步加强,为确保乳制品质量安全,每个乳制品均有一个"编码"。消费者可以通过扫描这个编码,追溯乳品原料、加工等环节的相关信息。

乳品追溯系统是控制乳品质量安全的有效手段,是指在乳品供应的整个过程中对乳品的各种相关信息进行记录存储的质量保障系统,其目的是在出现乳品质量问题时,能够快速有效地查询到出问题的原料或加工环节,必要时进行乳品召回,实施有针对性的惩罚措施,从而保障乳品质量。

18.学生饮用奶的注意事项

1.饮用前先洗手,保持手干净。

2.分发前和学生拿到学生奶后,需先检查包装外观,如发现胀包、破包、脏包、吸管未密封或不干净、有异物、生产日期过期等,不要分发和饮用,应立即调换。

3.手拿吸管上端,撕掉吸管下端包装膜,立即插入产品包装

插孔，再撕掉吸管上端包装膜后饮用，饮用过程手不要直接接触吸管开封的裸露部分，特别是吸管上端和下端，以免污染吸管。

4.饮用时先吸一小口，若口感酸、苦、涩、黏稠、有固形物或有其他异味，应立即停止饮用，报告老师调换。

5.一旦开封，建议尽快喝完，放久了牛奶容易变质。

6.不连续饮用两包。

7.学生不要相互交叉饮用产品。

8.饮用时不要食用自带食品。

9.剧烈运动后不要立即饮用，身体不适（如感冒、发热、腹痛等）不要饮用。

10.饮用完后压扁包装，放在统一指定的地点。

11.饮用后若身体出现不适应立即报告老师。

12.初次饮奶的学生应慎饮，少量饮用，逐渐增加，防乳糖不耐症和蛋白质过敏症。

19. 学生饮用奶的问题产品

1. 胀包的产品。

2. 口味异常的产品(有酸味、苦味、涩味或其他异味)。

3. 表面污染的产品(包括损坏、污染、发霉和吸管不密封等)。

注意:一旦发现"问题"学生饮用奶,千万不要饮用,马上要求更换。

20.饮用牛奶后身体不适的处理方法

1.学生饮奶前务必让学生掌握《学生奶饮用注意事项》。

2.若学生饮奶后,出现身体不适,要立即询问,最好是分散询问,不要集中询问,更不要广播通知。

3.通过询问准确判断学生身体出现不适的原因,立即采取相应措施。

4.若出现多个学生身体不适,在排除学生癔症的情况下,应立即通知班上其他学生和其他班级学生停止饮奶。通知时注意方法,避免引起集体性恐慌。

5.将确有身体不适的学生立即就医,并安抚好其他学生,缓和校园气氛,避免癔症蔓延,防止集体性恐慌导致的癔症危机。

6.立即通知厂家指导或到现场处理。

7.封存现场剩余学生奶,并检查学生有无自带食品,并封存好。

8.根据学生身体不适的程度,慎重决定是否通知家长。通知家长时,做好安抚工作,避免家长激烈的情绪影响环境气氛。正确引导学生,避免学生向家长汇报时夸大事实。

9.慎对媒体采访,按新闻发言人制度,指定专人接受采访,谨言慎行,避免事态扩大。

21. 如何判断乳糖不耐受症、蛋白质过敏和食物中毒

由于乳糖不耐受症、蛋白质过敏和食物中毒三者都有腹痛、腹泻症状，所以容易把三者混淆。但实际上三者是有标志性差异的。乳糖不耐受症一般只引起肠胃不适（包括恶心）；蛋白质过敏会有湿疹、荨麻疹或者气喘的症状；食物中毒标志性的症状就是脱水，如口干、眼窝下陷、肢体冰凉、脉搏细弱等，此外，食物中毒时腹泻、腹痛的症状要比乳糖不耐受症和蛋白质过敏严重得多。

乳糖不耐受症

乳糖不耐受症一般发生在饮奶30分钟至2小时后。其表现为腹痛、腹胀或腹泻等肠胃不适症状,病症轻、时间短、危害小,几个小时内会自愈,一般不需要治疗。所以发生乳糖不耐受症后不用过分紧张。如病症严重或引起并发症者须到医院检查与治疗。

蛋白质过敏

蛋白质过敏症状有腹痛、腹泻、湿疹、气喘、荨麻疹等,一般不会危及生命,但极少数严重过敏体质学生会发生过敏性休克。过敏性休克是一种血压突然降低的现象,如不及时治疗可以致命。

食物中毒

食物中毒的病人会出现呕吐症状,最好用塑料袋保留好呕吐物或大便,带着去医院检查,有助于诊断。不要轻易地给病人服止泻药,以免贻误病情。病人呕吐时有腹泻和肢体麻木、运动障碍等食物中毒的典型症状。一般来说,进食短时间内即出现症状,往往是重症中毒。儿童敏感性高,要尽快治疗。食物中毒若引起中毒性休克,会危及生命。

22. 科学饮用牛奶是增强体质、提升免疫力的最佳方式

维持人类生命和健康所必需的营养素有 40 多种,它们在身体内各司其职、缺一不可,任何一种营养素缺乏或不足都会影响到身体的机能和健康,甚至导致疾病。与机体免疫功能关系密切的营养素主要有蛋白质、维生素 A、维生素 E、维生素 C、铁、锌、硒等。

成长中的少年儿童要特别注意奶类的摄入,因为牛奶中含有与机体免疫功能关系密切的所有营养素,且蛋白质含量在3%

以上，消化率达90%以上，其必需氨基酸比例符合人体需要，属于优质蛋白，脂肪含量为3%~4%，并以微脂肪球的形式存在，有利于消化吸收；碳水化合物主要为乳糖，具有调节胃酸、促进胃肠蠕动和消化液分泌的作用，并能促进钙、铁、锌等矿物质的吸收；牛奶中还含有钙、磷、镁、钾等多种矿物质，是日常膳食中钙的最好来源。长期饮用牛奶能增强体质，促进免疫力提升，有助于少年儿童抗病防病。

养成长期科学饮用牛奶的习惯是增强体质、提高免疫力、健康成长的必要前提，科学饮用牛奶是少年儿童健康的必要保障。

23.科学饮用牛奶，促进健康睡眠与高效学习

青少年在生长发育的过程中，睡眠障碍是较为常见的健康问题，部分同学因为睡眠的问题影响到日常的学习生活。只有睡眠好、休息好才能在上课的时候高效地学习。

牛奶中α-乳白蛋白的氨基酸序列中含有色氨酸，色氨酸在体内可用于合成5-羟色氨酸，并进一步代谢成为褪黑激素，参与睡眠调节。

因此，养成科学饮用牛奶的习惯，有助于良好睡眠，能进一步提高学习效率。

24.科学饮用牛奶,有助于少年儿童的体态健康

当下,少年儿童因为摄入营养过剩导致身体肥胖是常见的社会现象,主要原因为膳食结构不合理,尤其是摄入的脂肪结构不合理。在少年儿童发育过程中,需要充足的摄入多不饱和脂肪酸,如生长发育必需的亚油酸、亚麻酸等,脑发育所需要的类脂成分磷脂等。

牛奶自身的脂肪含量约为总量的 3.4%,其中包含饱和脂肪、多不饱和脂肪、单不饱和脂肪和胆固醇。相对来说,牛奶自身的脂肪含量与普通的动物脂肪存在明显的差异,更适合人体消化吸收,更有利于人体生长发育。牛奶脂肪中富含丰富的脂溶性维生素,如维生素 A、维生素 E、维生素 D、维生素 K 等,在满足身体生长需求的同时,也利于人体脂肪的调整,有助于少年儿童体态健康。

25.科学饮用牛奶,促进 少年儿童骨骼发育

　　牛奶中蛋白质的含量高,占其总质量的3%,并且其含量属于不同蛋白质的混合物。其中含量最高的蛋白质为酪蛋白,占据总蛋白质含量的80%以上,同时还包括乳清蛋白、游离分泌物等,富含丰富的营养物质。牛乳蛋白含量约为人乳的3倍,蛋白的氨基酸构成皆为人体不可合成的8种必需氨基酸,牛奶蛋白能为人体组织更新、修复、发育提供良好的能量和物质基础,保证人体健康生长。

牛奶中富含丰富的结构蛋白,结构蛋白是人体必需的蛋白质之一,其直接关系到人体的指甲、骨骼、韧带以及器官等的生长;牛奶中还富含微量元素,如钙、磷、铁、锌等,这些微量元素进入体内后,参与细胞运转和骨骼形成,科学饮用牛奶,有助于少年儿童骨骼发育。

26.科学饮用酸奶,有助于肠道健康

酸奶的营养成分与牛奶差不多,但发酵的过程会使糖类、蛋白质被分解,乳糖大部分转化为乳酸,这些变化会使酸奶中的营养物质更易被人体消化和吸收,各种营养素的利用率得以提高,还可以避免乳糖不适造成的腹胀、腹泻症状,对于乳糖不耐症患者来说更加友好。并且饮用酸奶可改善便秘,缓解便秘相关的不良症状。

27. 科学饮用牛奶, 促进内分泌协调, 维持身体正常运转

牛奶中不仅含有维生素 A、维生素 D 及胡萝卜素、类胡萝卜素等在内的丰富脂溶性维生素, 同时还含有大量维生素 B_6、维生素 B_{12}、叶酸、生物素、维生素 B_2 等水溶性维生素。

牛奶中的维生素进入人体经过转化, 充当辅酶辅基, 在与酶共同作用下加快人体内部的物质形成及能量代谢速度, 参与神经信号调节、细胞运转调节等。当人体一旦出现缺乏维生素等情况时, 将会引起各种各样的机能障碍与疾病。如当人体在缺乏维生素 A 时, 容易加快人体皮肤的水分流失速度, 导致皮肤迅速出现松弛、老化、粗糙等问题, 严重时还会引发"夜盲症"; 当人体缺乏维生素 E 时, 人体容易出现性激素分泌紊乱的情况。

养成科学饮用牛奶的习惯, 能保证维生素充足摄入, 促进内分泌协调, 维持身体正常运转。

28. 正视乳糖不耐症，让全民"喝得幸福"

乳糖不耐症，又称乳糖消化不良或乳糖吸收不良，是指人体内不能有效消化摄入的乳糖并产生不良反应的一种状态。乳糖是一种双糖，无法被人体直接利用，需要被乳糖酶水解为单糖才能为人体所吸收。乳糖不耐症患者面临的主要问题在于，其体内乳糖酶的活性很低甚至完全失去活性，这就导致机体无法对摄入的乳糖进行消化水解。未经消化或消化不完全的乳糖将在小肠内不断累积，造成异常的渗透浓度差；而这些乳糖在进入大肠后，还会被大肠内的微生物所利用，产生过多的气体和酸等代谢物，进而引发临床上乳糖不耐症的诸多症状，如腹胀、绞痛、恶心及腹泻等。

目前在全球范围内，乳糖不耐症影响着约75%的人群，其中亚洲及非洲人患有乳糖不耐症的比例甚至高达90%。乳糖不耐症"来势汹汹"，但这并不意味着我们无计可施。只要正视这一问题并逐步建立起对乳糖不耐症的科学认识，扫除这一障碍并非难事。

29.新疆学生饮用奶定点生产企业

1.新疆天润生物科技股份有限公司

2.新疆西域春乳业有限责任公司

3.新疆石河子花园乳业有限公司

4.克拉玛依绿成农业开发有限责任公司乳品厂

5.南达新农业股份有限公司

6.阿拉尔新农乳业有限责任公司

7.新疆维维天山雪乳品有限公司

8.乌鲁木齐伊利食品有限责任公司

9.麦趣尔集团股份有限公司

10.新疆蒙牛乳业有限公司

30.新疆学生饮用奶奶源基地

1.阿拉尔新农乳业有限责任公司养殖一场

2.阿拉尔新农乳业有限责任公司养殖二场

3.阿拉尔新农乳业有限责任公司养殖三场

4.石河子市双鑫牧业有限责任公司

5.石河子市金玉宏枫养殖专业合作社

6.石河子市花园镇马保林养殖农民专业合作社

7.石河子市花园镇花园牛场

8.石河子市优源牧场养殖专业合作社

9.石河子市泉旺牧业有限责任公司

10.沙湾县百益农养殖专业合作社

11.伊犁创锦犇牛牧业有限公司种牛场

12.克拉玛依绿成农业开发有限责任公司奶牛一场

13.新疆鸿升现代农牧业科技发展有限公司

14.新疆天润北亭牧业有限公司

15.新疆芳草天润牧业有限公司

16.沙湾天润生物有限责任公司

17.新疆天澳牧业有限公司第一牧场

18.新疆天澳牧业有限公司第二牧场

19.新疆天澳牧业有限公司第五牧场

20.新疆天澳牧业有限公司第九牧场

21.乌苏市祥盛通牧业有限公司

22.新疆天润烽火台奶牛养殖有限公司

23.新疆天润建融牧业有限公司一牧场

24.新疆天润建融牧业有限公司二牧场

25.新疆天润建融牧业有限公司三牧场

26.铁门关市吉缘牧业有限公司

27.新疆博格达畜牧有限公司

28.石河子万欣远养殖专业合作社

29.石河子市北泉镇天潞庄养牛专业合作社

30.石河子市西古城镇绿源驼铃养牛专业合作社

31.石河子市双翔牧业有限责任公司

32.石河子市华瑞玉洁养殖专业合作社

33.石河子天盈牧业有限责任公司

34.昌吉市新峰奶牛养殖专业合作社

35.呼图壁种牛场有限公司畜牧一场

36.呼图壁种牛场有限公司畜牧二场

37.呼图壁种牛场有限公司畜牧三场

38.呼图壁种牛场有限公司畜牧四场

39.呼图壁种牛场有限公司畜牧五场

40.呼图壁种牛场有限公司畜牧六场

41.呼图壁种牛场有限公司畜牧七场

42.玛纳斯县现代良种牛繁育有限公司

43.洛浦县西域春乳业良种奶牛繁育有限公司

44.新疆朗青畜牧有限公司

45.新疆西部准噶尔牧业股份有限公司

46.石河子市阜瑞牧业有限责任公司

47.阿拉尔盛康嘉畜禽养殖农民专业合作社

48.新疆奔丰牧业科技有限公司繁育场

49.昌吉市吉缘牧业有限公司

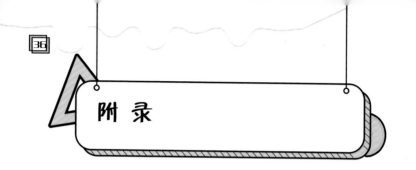

附 录

T/DAC 001—2017 学生饮用奶 中国学生饮用奶标志

前 言

本标准为学生饮用奶系列标准的第一项标准。

首批发布的学生饮用奶系列标准包括《学生饮用奶 中国学生饮用奶标志》《学生饮用奶 奶源基地管理规范》《学生饮用奶 生牛乳》《学生饮用奶 纯牛奶》《学生饮用奶 灭菌调制乳》。

本标准按照GB/T 1.1—2009的规则起草。

学生饮用奶系列标准由中国奶业协会提出并归口。

中国奶业协会拥有学生饮用奶系列标准的版权。

本标准代替《中国学生饮用奶标志印制规范》（中国奶业协会公告第1号）。

与《中国学生饮用奶标志印制规范》相比，主要变化如下：

——学生饮用奶产品名、中国学生饮用奶标志许可使用注册文号标注、"不准在市场销售"标注的印制要求调整到T/DAC 004—2017。

本标准首次发布。

本标准起草单位：中国奶业协会。

本标准主要起草人：刘琳、陈绍祜、姚远。

引　言

中国学生饮用奶标志系由农业部、国家发展计划委员会、教育部、财政部、卫生部、国家质量技术监督局、国家轻工业局组成的国家学生饮用奶计划部际协调小组办公室移交给中国奶业协会。中国学生饮用奶标志依法在国家版权局登记，中国奶业协会是本标志的所有者，依法拥有标志的许可使用权。

为统一和规范中国学生饮用奶标志的印制使用，经国家学生饮用奶计划部际协调小组审定，农业部《关于印发中国学生饮用奶标志使用暂行管理办法及使用规范的通知》(农垦发〔2000〕7号)公布了中国学生饮用奶标志图案、《中国学生饮用奶标志使用暂行管理办法》《中国学生饮用奶标志使用规范》，之后又印发了《农业部办公厅关于学生饮用奶标志使用规范的补充通知》等有关文件。

中国奶业协会承接国家"学生饮用奶计划"推广工作后，发布了《国家"学生饮用奶计划"推广管理办法(试行)》《中国学生饮用奶标志印制规范》(中国奶业协会公告第1号)，对中国学生饮用奶标志的印制使用重新进行了规定。根据修订后的《国家"学生饮用奶计划"推广管理办法》，以团体标准的形式规范中国学生饮用奶标志的印制使用。

1　范围

本标准规定了在全国范围内推广学生饮用奶的统一标志图案和印制要求。

本标准适用于中国学生饮用奶标志的印制使用。

2 规范性引用文件

本标准中引用的文件对于本标准的应用是必不可少的。凡是注日期的引用文件,仅所注日期的版本适用于本标准。凡是不注日期的引用文件,其最新版本(包括所有的修改单)适用于本标准。

中国奶业协会公告第 15 号国家"学生饮用奶计划"推广管理办法。

3 术语和定义

3.1 学生饮用奶 School Milk of China

学生饮用奶,系指经中国奶业协会许可使用中国学生饮用奶标志的专供中小学生在校饮用的牛奶制品。

3.2 中国学生饮用奶标志 Logo for School Milk of China

经国家学生饮用奶计划部际协调小组审定、农业部公布,用以标识在学校推广的学生饮用奶的专用标志。

4 标志图案

中国学生饮用奶标志是由示意奶滴上的"学"字图形、"中国学生饮用奶"和"SCHOOL MILK OF CHINA"中英文字体共同组成的圆形图案,用红、绿、白三种颜色着色(简称学字标),其图案、色相见图1。

5 印制要求

5.1 学字标图案的标准色相为红色 P0185 和绿色 P0355。

5.2 学字标图案外环为红色和反白字"SCHOOL MILK OF CHINA"和"中国学生饮用奶"。标志中间反白示意奶滴内的"学"字为绿色,见图1,在单件包装盒(袋)上采用三色柔版印刷时为红色,见图2。

5.3 学字标图案中间反白示意奶滴内的"学"字为宋体,中文"中国学生饮用奶"字体为黑体（Hei Regular），英文"SCHOOL MILK OF CHINA"字体为Arial。

■ P0158
■ P0355

图1　学字标图案

■ P0158

图2　学字标图案——三色柔版印刷

5.4　根据包装形式和容量不同，中国学生饮用奶标志可等比例放大或缩小。

5.5　印制中国学生饮用奶标志时，四周留出至少2毫米的净空间，以保证标志不至被切割到。

5.6　中国学生饮用奶标志应首选印制在白底色上；印制在有色材料上时，其他底色不得影响标志的标准色相。

5.7　中国学生饮用奶标志设计于包装正面的左上角；出现在三角包形包装上时，则居中在包装正面的下方，见图3、图4、图5。

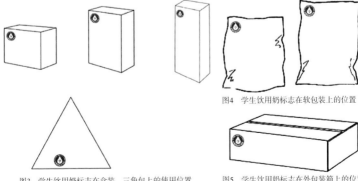

图4　学生饮用奶标志在软包装上的位置

图3　学生饮用奶标志在盒装、三角包上的使用位置

图5　学生饮用奶标志在外包装箱上的位置

T/DAC 002—2017 学生饮用奶 奶源基地管理规范

前 言

本标准为学生饮用奶系列标准之一。

首批发布的学生饮用奶系列标准包括《学生饮用奶 中国学生饮用奶标志》《学生饮用奶 奶源基地管理规范》《学生饮用奶生牛乳》《学生饮用奶 纯牛奶》《学生饮用奶 灭菌调制乳》。

本标准按照 GB/T 1.1—2009 的规则起草。

学生饮用奶系列标准由中国奶业协会提出并归口。

中国奶业协会拥有学生饮用奶系列标准的版权。

本标准代替《学生饮用奶奶源基地建设与管理规范(试行)》(中奶协发〔2016〕21 号)。

本标准首次发布。

本标准起草单位:中国奶业协会、中国农业大学、新疆农业大学、山东农业大学、河北农业大学、北京奶牛中心。

本标准主要起草人:李胜利、刘琳、余雄、陈绍祜、曹志军、姚远、黄文明、黄勇、张书义、王中华、李建国、张晓明、都文。

引 言

为了满足学生饮用奶产品质量安全、营养的要求,原料奶需来自新鲜优质奶源,因此生产企业必须有自建、自控或稳定可控的奶源基地。

为了规范学生饮用奶生产企业的奶源基地并对其进行评估,中国奶业协会颁布《学生饮用奶奶源基地建设与管理规范

（试行）》（中奶协发〔2016〕21号）。

根据修订后的《国家"学生饮用奶计划"推广管理办法》，以团体标准形式指导学生饮用奶奶源基地的管理。

1 范围

本标准规定了学生饮用奶奶源基地的场址与布局、奶牛繁育管理、日粮与饲养管理、疾病防控、挤奶管理、环境管理、从业人员管理、档案管理、养殖规模及生产水平的要求。

本规范适用于学生饮用奶奶源基地的管理。

2 规范性引用文件

本标准中引用的文件对于本标准的应用是必不可少的。凡是注日期的引用文件，仅所注日期的版本适用于本标准。凡是不注日期的引用文件，其最新版本（包括所有的修改单）适用于本标准。

GB 5749　生活饮用水卫生标准

NY/T 388　畜禽场环境质量标准

NY/T 2662　标准化养殖场　奶牛

GB/T 16568　奶牛场卫生规范

NY/T 5030　无公害农产品　兽药使用准则

GB 19301　食品安全国家标准　生乳

T/DAC 001　学生饮用奶　中国学生饮用奶标志

3 术语和定义

3.1 学生饮用奶 School Milk

同T/DAC 001有关学生饮用奶的定义。

3.2 学生饮用奶奶源基地 School Milk Farm

生产供应学生饮用奶原料奶生牛乳的奶牛场。

注:不包括水牛场、牦牛场。

4 场址与布局

4.1 场址

4.1.1 场址不应位于《中华人民共和国畜牧法》规定的禁止区域,并符合相关法律法规土地利用规划。

4.1.2 距离生活饮用水源地、居民区、主要交通干线500米以上,距离其他畜禽养殖场、畜禽屠宰加工场和畜禽交易场所1000米以上。

4.1.3 应建在土质坚实、透气性好、地势高燥、通风良好、远离噪声、电力供应稳定和交通便利的区域,不宜建在风口处。

4.1.4 应有能够保证生产、生活用水并符合GB 5749的水源。

4.1.5 场区空气环境质量应符合NY/T 388的要求。

4.2 布局

4.2.1 奶牛场包括生活办公区、饲草饲料区、生产区、粪污处理区和病畜隔离区等功能区。

4.2.2 奶牛场入口处设有有效的人员消毒室、车辆消毒池等防疫设施。

4.2.3 奶牛场设有防疫隔离带及净道和污道,环境整洁。场区内空闲地面宜进行适当的硬化或绿化。

4.2.4 生活办公区位于生产区的上风向,间距50米以上。

4.2.5 生产区设在场区的下风位置,入口处设人员消毒室和更衣室。犊牛舍、育成(青年)牛舍、泌乳牛舍、干奶牛舍、特需牛舍布局合理,保持适当距离。泌乳牛舍应靠近挤奶厅。

4.2.6 饲草饲料区紧靠生产区布置,设在生产区边沿下风地势较高处。干草区、精料区、饲料加工调制车间符合消防要求。

4.2.7 粪污处理区距离生产区50米以上,设有与养殖规模相适应的粪污储存与处理设施,储存场所有防雨、防止粪液渗漏、溢流设施。

4.2.8 病牛隔离区设在生产区外围下风地势低处,距离生产区50米以上。

4.3 设施设备

4.3.1 牛舍结构坚固、抗震、防水、防火,能抵抗雨雪、强风等外力因素的影响。牛舍地面致密坚实,有防滑措施。

4.3.2 牛舍隔热保温,通风良好,有夏季降温和冬季防寒设施。

4.3.3 散栏饲养牛舍、运动场和凉棚建筑面积及卧床设计符合NY/T 2662的规定。

4.3.4 运动场地面有一定坡度,排水通畅。运动场周围设有围栏,并进行适当绿化。

4.3.5 有良好的供水系统,牛舍和运动场边设饮水槽,保持饮水充足、新鲜、清洁。饮水器具设置合理,不得阻碍通道或饲喂区,不渗漏,不会对奶牛造成伤害。

4.3.6 设置产房,配置产栏。

4.3.7 应有青贮窖池、干草棚、精料库等饲料加工与储存设施。有满足生产需要的全混合日粮(TMR)设备。

4.3.8 设有病死牛只处理设施。

4.3.9 供水、供电设施设备齐全,满足生产需要。

4.3.10 设有符合规定的场内消防设施。

4.3.11 配置生产所需要的兽医诊断等基本仪器设备。

4.3.12 设有称重装置、保定架和装卸(牛台)等设施。

5 奶牛繁育管理

5.1 有清楚无缺陷的系谱,应参加国家奶牛品种登记。

5.2 应参加奶牛生产性能测定(DHI),有规范的生产性能测定记录,并进行技术分析。

5.3 有年度改良与繁殖计划、技术指标、实施记录和技术统计材料。

6 日粮与饲养管理

6.1 饲料原料、饲料和饲料添加剂的使用应符合有关规定,采用科学设计的日粮配方。有饲料采购和供应计划,日粮组成和配方记录,常用饲料常规性营养成分分析检测记录。

6.2 采用全混合日粮(TMR)设备饲喂,配置TMR质量检测设备检测。

6.3 根据不同生长和泌乳阶段制定的饲养规范实施,并记录存档。

6.4 犊牛1月龄后不同生长阶段采用分群饲养。

7 疾病防控

7.1 具有动物防疫条件合格证。

7.2 符合GB/T 16568的规定,两年内无重大疫病发生。

7.3 根据《中华人民共和国动物防疫法》的规定,制定口蹄疫、布鲁氏菌病、结核病监测和防控方案。

7.4 按规定进行预防接种。有口蹄疫等国家规定疫病的免疫接种计划和实施记录。对结核病和布鲁氏菌病等传染性疾病进行定期监测,有监测记录和处理记录。

7.5 从外购进奶牛时,应检疫合格,并在隔离区隔离、观察、处理。

7.6 有传染病发生应急预案、隔离和控制措施及报告制度,责任人明确。

7.7 有预防、治疗常见疾病的规程。

7.8 有定期修蹄和肢蹄保健措施,定期消毒,并有相关记录。

7.9 有乳房炎防治计划和实施方案。

7.10 牛场定期消毒,并有相关记录。

7.11 符合 NY/T 5030 的规定,不使用国家禁止的兽药和无正式批号的兽药。

7.12 有完整兽药使用记录,包括药品名称、来源、使用对象、使用时间、用量、停药期、兽药和治疗管理者信息等。

7.13 有毒有害化学品由专人保管,有专门的采购、储存、领用和使用的制度和记录。

7.14 有奶牛使用抗生素隔离及解除制度和记录,严格执行休药期制度。每批交售生鲜乳有抗生素测定记录。

8 挤奶管理

8.1 有与泌乳牛存栏量相配套的挤奶机械,全部实现机械挤奶和在位清洗(CIP),管道封闭输奶。

8.2 输奶管存放良好、无存水。收奶区排水良好,地面硬化处理,墙壁防水处理,便于冲刷。

8.3 挤奶厅应有热水供应系统。

8.4 挤奶厅应有待挤区且能容纳一次挤奶头数2倍的奶牛。

8.5 有挤奶操作制度并严格实施。

8.6 挤奶场地保持清洁卫生,挤奶工服装整洁。

8.7 挤奶前后2次药浴,采用一次性纸巾或毛巾(不能重复使用)擦干乳房与乳头,将前三把奶挤到带有网状栅栏的容器中,观察牛奶的颜色和性状。

8.8 产非正常生鲜乳(包括初乳、含抗生素乳等)奶牛单独挤奶,并有产非正常生鲜乳奶牛信息和牛奶的处理记录。

8.9 储奶厅有储奶罐和制冷设备,储奶罐保持关闭并有运行记录。

8.10 输奶管、计量罐、奶杯和其他管状物按规程清洁并正常维护。按规程检修挤奶机并记录。有挤奶器内衬等橡胶件的更换记录。

8.11 生鲜乳生产、贮存和运输符合《乳品质量安全监督管理条例》《生鲜乳生产收购管理办法》《生鲜乳生产收购和进货查验制度》的有关规定。

8.12 有《生鲜乳收购许可证》《生鲜乳准运证明》,保留《生鲜乳交接单》。

8.13 生鲜乳挤出后应在2小时内冷却到0～4℃,并在24小时内运抵加工企业。

8.14 贮奶间有防昆虫、飞禽、鼠猫和防化学品及防投毒等防范措施,不堆放杂物。

9 环境管理

9.1 推行农牧结合、种养平衡,使土地的承载消纳能力与之匹配。

9.2 建立环境卫生管理制度,推广改水冲清粪为干式清粪,改无限用水为控制用水,改明沟排污为暗道排污,固液分离,雨污分流,粪污无害化处理再利用。

9.3 每天清理牛粪,无堆积的粪便和积水。

9.4 病死牛只作无害化处理,并做好器具和环境等的清洁消毒。

10 从业人员管理

10.1 配备与生产规模相适应的畜牧、兽医技术人员,或有畜牧兽医技术人员提供稳定的技术服务。

10.2 从业人员应每年定期进行身体检查,有县级以上医院出具的身体健康证明,传染病患者不得从事奶牛生产。

11 档案管理

11.1 按照《畜禽标识与养殖档案管理办法》建立奶牛生产档案管理制度。

11.2 奶牛生产档案资料包括:品种登记、奶牛出入记录、卫生防疫与保健记录、饲料兽药使用记录、育种与繁殖记录、兽医记录、生产记录、销售记录、生产性能测定(DHI)报告等。

12 养殖规模与生产水平

12.1 泌乳牛存栏200头以上。

12.2 中国荷斯坦成母牛年均(365天)单产高于7 500千克,以DHI记录为依据。

12.3 生牛乳质量要求在符合GB 19301基础上应符合T/DAC 003的规定。

T/DAC 003—2017 学生饮用奶 生牛乳

前 言

本标准为学生饮用奶系列标准之一。

首批发布的学生饮用奶系列标准包括《学生饮用奶 中国学生饮用奶标志》《学生饮用奶 奶源基地管理规范》《学生饮用奶 生牛乳》《学生饮用奶 纯牛奶》《学生饮用奶 灭菌调制乳》。

本标准按照GB/T 1.1—2009的规则起草。

学生饮用奶系列标准由中国奶业协会提出并归口。

中国奶业协会拥有学生饮用奶系列标准的版权。

本标准代替了《国家"学生饮用奶计划"推广管理办法(试行)》《学生饮用奶奶源基地建设与管理规范(试行)》中有关生牛乳的部分指标,涉及的相关指标以本标准为准。

本标准在执行GB 19301《食品安全国家标准 生乳》的基础上,主要做了如下变化:

——提高了微生物限量要求,包括菌落总数,增加了嗜冷菌、耐热芽孢菌限量要求。

——提高了乳脂肪率、乳蛋白率。

——增加了体细胞数限量要求。

本标准首次发布。

本标准起草单位:中国奶业协会。

本标准主要起草人:刘琳、陈绍祜、姚远。

1 范围

本标准规定了学生饮用奶原料奶生牛乳的定义、要求、检验方法。

本标准适用于生产学生饮用奶产品的原料奶。

2 规范性引用文件

本标准中引用的文件对于本标准的应用是必不可少的。凡是注日期的引用文件,仅所注日期的版本适用于本标准。凡是不注日期的引用文件,其最新版本(包括所有的修改单)适用于本标准。

GB 19301 食品安全国家标准 生乳

GB 2761 食品安全国家标准 食品中真菌毒素限量

GB 2762 食品安全国家标准 食品中污染物限量

GB 2763 食品安全国家标准 食品中农药最大残留限量

T/DAC 001 学生饮用奶 中国学生饮用奶标志

T/DAC 002 学生饮用奶 奶源基地管理规范

3 术语和定义

3.1 学生饮用奶 School Milk

同 T/DAC 001 的有关学生饮用奶定义。

3.2 学生饮用奶奶源基地 School Milk Farm

同 T/DAC 002 的有关学生饮用奶奶源基地定义。

3.3 学生饮用奶生牛乳 Raw milk for School Milk

学生饮用奶奶源基地生产的作为学生饮用奶产品原料奶的生牛乳,仅指中国荷斯坦牛、娟珊牛以及乳肉兼用牛品种健康奶牛乳房中挤出的无任何成分改变的常乳,产犊后7天的初乳、应用抗生素期间和休药期间的乳汁、变质乳不可用作学生饮用奶原料奶。

注:不包括生水牛乳、生牦牛乳。

4 技术要求

4.1 感官要求:应符合 GB 19301 表 1 的规定。

4.2 理化指标:脂肪(克/100克)≥3.6,蛋白质(克/100克)≥3.0,检验方法和其他指标应符合 GB 19301 表 2 的规定。

4.3 污染物限量:应符合 GB 2762 的规定。

4.4 真菌毒素限量:应符合 GB 2761 的规定。

4.5 微生物限量:应符合表 1 的规定。

表 1 微生物限量

项目	限量(CFU/毫升)	检验方法
菌落总数≤	10 万	GB 4789.2
嗜冷菌≤	1 万	NY/T 1331
耐热芽孢菌≤	100	NY/T 1331

4.6 体细胞数限量:体细胞数≤40万个/毫升,检验方法执行 NY/T 800 的规定。

4.7 农药残留限量和兽药残留限量

4.7.1 农药残留量:应符合 GB 2763 及国家有关规定、标准和公告。

4.7.2 兽药残留量:应符合国家有关规定、标准和公告。

T/DAC 004—2017 学生饮用奶 纯牛奶

前 言

本标准为学生饮用奶系列标准之一。

首批发布的学生饮用奶系列标准包括《学生饮用奶 中国学生饮用奶标志》《学生饮用奶 奶源基地管理规范》《学生饮用奶 生牛乳》《学生饮用奶 纯牛奶》《学生饮用奶 灭菌调制乳》。

本标准按照GB/T 1.1—2009的规则起草。

学生饮用奶系列标准由中国奶业协会提出并归口。

中国奶业协会拥有学生饮用奶系列标准的版权。

本标准在执行GB 25190《食品安全国家标准 灭菌乳》的基础上,主要做了如下变化:

——仅以生牛乳为原料加工,不使用、不添加复原乳;

——提高了乳脂肪率、乳蛋白率;

——规定了学生饮用奶产品的包装和有关标识要求。

本标准首次发布。

本标准起草单位:中国奶业协会。

本标准主要起草人:刘琳、陈绍祜、姚远。

1 范围

本标准规定了学生饮用奶纯牛奶(超高温灭菌乳)的定义、生产、包装和相关标识要求。

本标准适用于学生饮用奶纯牛奶的生产。

2 规范性引用文件

本标准中引用的文件对于本标准的应用是必不可少的。凡是注日期的引用文件,仅所注日期的版本适用于本标准。凡是不注日期的引用文件,其最新版本(包括所有的修改单)适用于本标准。

GB 25190　食品安全国家标准　灭菌乳

GB 28050　食品安全国家标准　预包装食品营养标签通则

GB 7718　食品安全国家标准　预包装食品标签通则

GB 2761　食品安全国家标准　食品中真菌毒素限量

GB 2762　食品安全国家标准　食品中污染物限量

T/DAC 001　学生饮用奶　中国学生饮用奶标志

T/DAC 003　学生饮用奶　生牛乳

3 术语和定义

3.1 学生饮用奶 School Milk

同 T/DAC 001 有关学生饮用奶的定义。

3.2 学生饮用奶纯牛奶 Ultra high-temperature School Milk

仅以生牛乳为原料加工,采用超高温灭菌工艺,经无菌灌装等工序制成的学生饮用奶产品。

4 技术要求

4.1 原料要求:原料奶生牛乳符合《学生饮用奶　生牛乳》(T/DAC 003)的要求,不使用、不添加复原乳。

4.2 感官要求:应符合 GB 25190 表1的规定。

4.3 理化指标:脂肪(克/100 克)≥3.6,蛋白质(克/100 克)≥3.0,检验方法和其他指标应符合 GB 25190 表2的规定。

注:乳脂率仅适用于全脂产品。

4.4 污染物限量:应符合GB 2762的规定。

4.5 真菌毒素限量:应符合GB 2761的规定。

4.6 微生物要求:应符合商业无菌的要求,按GB/T 4789.26规定的方法检验。

5 包装要求

5.1 产品采用保质期不低于45天的无菌包装材料包装,单件净规格为125毫升、200毫升、250毫升。

5.2 产品标签应执行GB 7718和GB 28050的规定。

5.3 学生饮用奶标志印制应符合T/DAC 001的规定。

5.4 产品中文名为"学生饮用奶",产品英文名为"SCHOOL MILK"。产品名位置设计于包装正面的明显处,文字字体和大小可根据包装设计需要变化。

5.5 "纯牛奶"的标注应符合GB 25190的规定。

5.6 中国学生饮用奶标志许可使用注册文号标注要求。

5.6.1 注册文号的文字字体为黑体(Hei Regular),英文字体为Arial,字号不得小于6.5磅。

5.6.2 生产企业只有一个注册文号时,文号标注在包装侧面的企业名称之后。

5.6.3 集团公司有多个生产企业(工厂)注册文号时,文号标注在包装侧面的相应企业(工厂)名称之后,且在每一文号前依次以企业(工厂)代码方式标注,见下图。在产品生产日期旁须喷绘生产企业相应的企业(工厂)代码。

学生饮用奶标志许可
使用注册文号标注示意

5.7 "不准在市场销售"标注要求。

5.7.1 "不准在市场销售"应标注在单件包装和外包装上，位置靠近生产日期。

5.7.2 "不准在市场销售"标注的文字字体为黑体(Hei Regular)，字号不得小于6.5磅。

5.7.3"不准在市场销售"标注应首选印制在白底色上；印制在其他底色或有色材料上时,应色差明显。

T/DAC 005—2017 学生饮用奶 灭菌调制乳

前 言

本标准为学生饮用奶系列标准之一。

首批发布的学生饮用奶系列标准包括《学生饮用奶 中国学生饮用奶标志》《学生饮用奶 奶源基地管理规范》《学生饮用奶 生牛乳》《学生饮用奶 纯牛奶》《学生饮用奶 灭菌调制乳》。

本标准按照GB/T 1.1—2009的规则起草。

学生饮用奶系列标准由中国奶业协会提出并归口。

中国奶业协会拥有学生饮用奶系列标准的版权。

本标准在执行GB 25191《食品安全国家标准 调制乳》的基础上,主要做了如下变化:

——仅以生牛乳为原料加工,不使用、不添加复原乳及营养强化剂;

——提高了乳脂肪率、乳蛋白率;

——规定了学生饮用奶产品的包装和标识要求。

本标准首次发布。

本标准起草单位:中国奶业协会。

本标准主要起草人:刘琳、陈绍祜、姚远。

1 范围

本标准规定了学生饮用奶灭菌调制乳的定义、生产、包装和标识要求。

本标准适用于生产学生饮用奶灭菌调制乳。

2 规范性引用文件

本标准中引用的文件对于本标准的应用是必不可少的。凡是注日期的引用文件,仅所注日期的版本适用于本标准。凡是不注日期的引用文件,其最新版本(包括所有的修改单)适用于本标准。

GB 25191　食品安全国家标准　调制乳

GB 28050　食品安全国家标准　预包装食品营养标签通则

GB 7718　食品安全国家标准　预包装食品标签通则

GB 2760　食品安全国家标准　食品添加剂使用标准

GB 2761　食品安全国家标准　食品中真菌毒素限量

GB 2762　食品安全国家标准　食品中污染物限量

T/DAC 001　学生饮用奶　中国学生饮用奶标志

T/DAC 003　学生饮用奶　生牛乳

T/DAC 004　学生饮用奶　纯牛奶

3 术语和定义

3.1 学生饮用奶 School Milk

同 T/DAC 001 有关学生饮用奶的定义。

3.2 学生饮用奶灭菌调制乳 Sterilized School Milk

以不低于80%的生牛乳为主要原料加工,不使用、不添加复原乳及营养强化剂,采用灭菌工艺制成的学生饮用奶产品。

4 技术要求

4.1 原料要求

4.1.1 原料奶:应符合 T/DAC 003 的规定,不使用、不添加复原乳。

4.1.2 其他原料:应符合相应的安全标准和/或有关规定。

4.2 感官要求:应符合GB 25191表1的规定。

4.3 理化指标:脂肪(克/100克)≥2.9,蛋白质(克/100克)≥2.4,检验方法和其他指标应符合GB 25191表2的规定。

注:乳脂率仅适用于全脂产品。

4.4 污染物限量:应符合GB 2762的规定。

4.5 真菌毒素限量:应符合GB 2761的规定。

4.6 微生物要求:应符合商业无菌的要求,按GB/T 4789.26规定的方法检验。

4.7 食品添加剂

4.7.1 食品添加剂应符合相应的安全标准和有关规定。

4.7.2 食品添加剂的使用应符合GB 2760的规定。

5 包装要求

同T/DAC 004有关的规定。

参考文献

奶牛产业技术体系北京市创新团队,《中国乳业》杂志社, 2019. 牛奶的前世今生——奶香飘万家系列活动科普问答[M]. 北京:中国农业科学技术出版社.

农业部奶业管理办公室, 全国畜牧总站, 2017. 奶业科普百问[M]. 北京:中国农业出版社.

王加启, 张养东, 郑楠, 2019. 奶与奶制品化学及生物化学[M]. 北京:中国农业科学技术出版社.

王加启, 2019. 牛奶重要营养品质的形成与调控[M]. 北京:中国农业出版社.

王加启, 2016. 优质奶只能产自于本土奶[J]. 中国乳业(12): 18–20.